U0655294

与金钱约会

的好习惯

财商教育编写中心 编

四川人民出版社

图书在版编目（CIP）数据

与金钱约会的好习惯 / 财商教育编写中心编 . – 2版 – 成都：四川人民出版社，2016.9
（金钥匙系列）
ISBN 978–7–220–09893–2

Ⅰ．①与… Ⅱ．①财… Ⅲ．①财务管理 – 儿童读物

Ⅳ．① TS976.15–49

中国版本图书馆 CIP 数据核字 (2016) 第 180108 号

YU JINQIAN YUEHUI DE HAOXIGUAN
与金钱约会的好习惯

财商教育编写中心 编

责任编辑	江　澄
特约编辑	张　芹
封面设计	朱　红
责任校对	蓝　海
版式设计	乐阅文化
责任印制	聂　敏

出版发行	四川人民出版社　（成都槐树街 2 号）
网　址	http://www.scpph.com
E–mail	scrmcbs@sina.com
新浪微博	@ 四川人民出版社
微信公众号	四川人民出版社
发行部业务电话	（028）86259624　86259453
防盗版举报电话	（028）86259624
照　排	北京乐阅文化有限责任公司
印　刷	三河市三佳印刷装订有限公司
成品尺寸	190mm×247mm
印　张	9
字　数	120 千字
版　次	2016 年 9 月第 2 版
印　次	2016 年 9 月第 1 次印刷
书　号	ISBN 978–7–220–09893–2
定　价	42.00 元

■ 版权所有·侵权必究
本书若出现印装质量问题，请与我社发行部联系调换
电话：（028）86259453

前　言

　　财商是"财富智商"（Financial Quotient，简写为FQ）的简称，简单一点说是一个人与金钱打交道的能力，是一个人处理个人经济生活的能力；复杂一点说是一个人认识财富（资源）、管理财富（资源）、创造财富（资源）和分享财富（资源）的能力。这种能力主要体现在一个人的习惯(Behavior)、动机（Motivation）、方法（Ways）三个方面。

　　财商与智商、情商并列为现代人不可或缺的三大素质，与我们的日常生活息息相关。当每个人都无法逃避地要进行经济活动时，了解财商智慧、提高财商能力就是完善自我、增强幸福感的重要途径。

　　为什么这么说呢？因为财商教育的根本目的是把人们培养成为理性、智慧的"经济人"，简单地说就是实现个人的财富自由。通往"财富自由"的道路分为三个阶段。第一阶段：不论你有多少财富，你都处在不断挣钱、不断消费的境况中，这个时候你只是财富的奴隶；第二阶段：即使你只有10元钱，但这10元钱在为你工作，而不是你在为它工作，这时你是财富的主人；第三阶段：你和财富间形成了伙伴关系，能够在平等对话的基础上，互相帮助、共同成长，这就是"财富自由"。"财富自由"是一个人实现高品质的社会生活的重要保障，也是实现圆满、和谐、幸福的精神生活的坚实基础。

　　"金钥匙"财商教育系列正是基于这一理念而精心编撰的财商启蒙和学习读本，由"富爸爸"品牌策划人、出品人汤小明先生组织财商教育编写中心倾力打造。书中以充满智慧的富爸爸、爱思考的阿宝、爱美的美妞、调皮好动的皮喽等卡通形象为主人

公，结合国内外财商教育的丰富经验，将知识性、趣味性、实践性融为一体，让孩子们在一册书中能够在观念、知识、实践三个层面得到锻炼。

"金钥匙"财商教育系列分为"儿童财商系列"和"青少年财商系列"，分别适应7~10岁的少年儿童和11~14岁的青少年学习，"儿童财商系列"通过丰富的实践活动以及生动有趣的游戏、儿歌、故事版块，侧重培养小朋友的财商意识、良好的理财习惯以及正确的财富观念。"青少年财商系列"在此基础上，旨在培养青少年较为深入地认识一些经济规律，熟悉市场运作的基本原理，逐步把财商智慧应用到创新、创业的生活理念之中。

作为国内财商教育的先驱者和尝试者，本系列丛书在编写过程中得到众多德高望重的教育学、经济学等领域专家的指导和帮助，在此向他们致以诚挚的谢意。希望本系列丛书顺利出版后能够为中国少年儿童和青少年的财商启蒙和教育增添一份力量。

财商教育编写中心

2015年11月

主要人物介绍

美妞
性别：女
性格：活泼、爱臭美、
　　　爱出风头
喜爱的食物：骨头、肉
喜欢的颜色：粉色

咕一郎
性别：男
性格：内向、聪明
　　　好学
喜爱的食物：谷子
喜欢的颜色：绿色

皮喽
性别：男
性格：活泼、反应
　　　快、粗心
喜爱的食物：桃子、
　　　　　　香蕉
喜欢的颜色：黄色

阿宝
性别：男
性格：稳重、爱思考
喜爱的食物：竹子、苹
　　　　　　果、梨
喜欢的颜色：蓝色

富爸爸
性别：男
会出现在各种不同
场合，教给小朋友
们不同的财商知
识。

Contents
目 录

一、我的零花钱

国外孩子的零花钱

美国孩子的零花钱

曾经在报纸上看过这样一则报道：在美国，几乎每个孩子手中都有零花钱，而这些钱大多是他们通过帮助父母或他人做家务获得的。正是由于美国孩子的消费行为并不是全部由家长包办，因此，孩子们必须从小开始学习怎样合理支配自己的零花钱。那么，这些钱从何而来？孩子们又是如何使用和支配这些钱的呢？

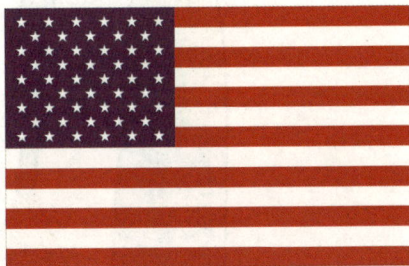

正在读小学四年级的大卫小朋友这样说道："每做一次家务活，爸爸妈妈就会给我一些零花钱。我会把这些钱存起来，等到圣诞节的时候用它买自己喜欢的东西。"

　　另一位名叫迈克的11岁男孩也有类似的经历。他常常帮助父母为自家的后院除草，每次妈妈都会给迈克7美元作为劳动报酬。

　　其实，在美国，孩子们通过自己的劳动来换取零花钱是一种很普遍的现象。"要获得报酬必须付出劳动"是美国人都遵守的一项准则。

德国孩子的零花钱

越来越多的德国少年都已经开始利用他们的课余时间打工赚钱了。

德国著名的社会学家朗格说："越来越多的学生开始利用课余时间来工作，全国已有50％以上的学生拥有一份课余工作。"16岁或16岁以上的孩子可以选择在商场里帮店主整理衣服，或者在收银台旁边为顾客收货打包。而年龄小一点的孩子也有许多挣钱的机会。一般小女孩可以帮助邻居照看孩子、浇花等，而帮助邻居照顾小孩一个月大约可以赚到40欧元（约折合人民币280元）。

英国孩子的零花钱

据统计，几乎2/3的英国孩子要靠做家务来赚取零花钱。

在英国，父母每个月一

般都会为孩子支付10欧元（约折合人民币70元）的手机费。虽然这笔费用并不算多，但是得到它可不是一件简单的事情。父母会要求孩子用自己的劳动来换取这笔费用，如洗车、洗衣服、收拾房间或者修剪草坪等。这样，孩子们就会很认真地计算自己该如何使用这些珍贵的零花钱。如此一来，他们在学会合理消费的同时，更加懂得如何在付出与收获之间保持平衡。

FQ小调查

同学们，你们的零花钱都是通过哪些途径得到的？

父母和其他长辈给的！

1

压岁钱就是我的零花钱！

2

做家务换来的！

③

学习成绩提高了,爸妈奖励我的！

④

我的零花钱是这样来的：

_____

_____

富爸爸告诉你

与国外的孩子相比，大多数的中国孩子是非常"幸福"的，因为我们并不用付出劳动就可以轻而易举地从爸爸、妈妈那里得到零花钱。在美国，家长鼓励孩子靠劳动来换取零花钱是他们培养孩子财商的重要手段之一，希望孩子从小树立"劳动创造财富"的观念。美国每年大约有300万中小学生利用课余时间外出打工。

另外，美国成年人常常会将自己不需要的物品进行拍卖或者捐赠，而小孩也会把自己不用的玩具摆在家门口出售，以获得一点收入。

练一练

同学们，你们每天、每周、每月的零花钱分别有多少呢？请把最接近你零花钱的数额与问题连起来。

你每天的零花钱是多少呢？

你每周的零花钱是多少呢？

你每月的零花钱是多少呢？

80元

10元

200元

100元

5元

300元

500元

50元

20元

中外城市孩童零花钱平均水平对比

中国城市孩童的零花钱平均水平

中国青少年研究中心于2009~2010年对北京、上海、广州等10个城市的中小学学生及其家长、教师进行了零花钱方面的问卷调查，调查结果如下：

序号	学生状况	有零花钱的学生人数占总数的百分比	平均每月的零花钱数额
1	小学生	87%	60元
2	中学生	90%	250元

美国孩童的零花钱平均水平状况

据相关统计资料显示，平均每个美国孩子每周可以从父母那里得到5~20美元的零花钱。孩子们不仅习惯从父母那儿领"工资"，而且经常彼此相互炫耀"工资"的多少。在他们看来，高"工资"是一件光彩的事，说明自己的动手能力很强。

FQ笔记

1. 和同学分享自己零花钱的故事。

2. 调查一下爸爸妈妈、爷爷奶奶、叔叔阿姨他们小时候收到零花钱的情况。

时间 身份	每天	每周	每月	每年
爷爷				
奶奶				
爸爸				
妈妈				
叔叔				
阿姨				

二、我的零花钱由谁来做主？

零花钱"风波"

一个风和日丽的下午，美妞和阿宝一起来到皮喽家做客。

"快帮帮我吧。"皮喽一见到美妞和阿宝就开始向他们求助。"你们看见窗台上的那个果酱罐

子了吗？"皮喽指着窗台的方向说道，"其实，它是我的储钱罐。今天早上，我发现放在那里面的零花钱变少了！我怀疑有人偷了我的零花钱。"

"不会吧？"美妞表示同情，"会不会是你自己数错了呢？"

"是呀。"阿宝对此也表示认同，"皮喽，你有多少零花钱呀？"

"我一周能拿到5元的零花钱。"皮喽回答道，"如果我再做一些家务活儿，零花钱会更多。"

皮喽一边说一边拿出了一份长长的记账单。"我从9月1号起开始存钱。"皮喽说，"每周五晚上我都会得到1角、5角和1元等不同面值的零花钱。到昨天为止，我攒的零花钱加起来一共是100元零5角。"

"那你知道少了多少钱吗？"阿宝问。

"大概少了2厘米。"皮喽用手指比画着，"我昨天看的时候，钱都快堆到罐瓶口那了，今天却只到罐子中间那儿，反正就是变少了，究竟丢了多少我还没来得及数呢。"

"那赶快数一数吧，看看究竟少了多少钱。"

阿宝说。

　　"呀！快看，小偷出现了！"皮喽指着窗外走过来的人影，着急地喊道，"我们先躲到桌子下面去。"

　　只见咕一郎悄悄地从外面打开了窗户，然后轻轻地从罐子里拿了一些硬币出来，并放进去几张纸币。

　　"真不敢相信，你居然会偷我的钱！人赃俱

获！"皮喽冲出门一把抓住了咕一郎。

"因为玩电子游戏、在自动售货机上买东西都需要用硬币，而我只有纸币，所以就拿来跟你交换。"咕一郎老实地回答。

"咕一郎拿走了2枚1元、4枚5角的硬币，"美妞说，"但是他刚刚放进去4张1元的纸币。4张1元的纸币折起来后所占的空间要小一些，实际上，皮喽的钱并没有少。"

"哦。看来你没有让我的钱变少。"皮喽若有所思，"那你昨天也是这样换走我的钱的吗？"

"昨天？"咕一郎很奇怪地答道，"今天下午这是第一次，而且仅此一次。"

咕一郎突然指着窗户大声喊道："快拦住那只猫！"

哎呀，那只猫伸出爪子，拨了拨果酱罐子。幸亏美妞迅速冲上前一步，接住了从窗台上掉下来的罐子。

"好险啊！"咕一郎说，"总算没有摔破。昨天，我看见那只猫把罐子从窗台上碰倒了，然后我就把你的钱换到了另一个大一点的果酱罐了里了。"

"一个大一点的罐子？"皮喽拍了拍脑门，恍然大悟。

"零花钱从小罐子'跑'到大罐子里去，如果总数不变的话，它的高度肯定会变低的。"阿宝高兴地说，"哈哈，原来你的钱没有少！"

"我觉得我们应该再数数看，"美妞提议，"这样才能确定到底少没少。"

"我来数1元的硬币！"咕一郎说。

"我来数5角的！"阿宝说。

"好吧，我来数1角的。"美妞说。

"那我就负责统计你们每个人手中的金额！"皮喽说。

大家数完以后把最终的结果分别告诉皮喽。皮喽据此画了一个分类统计表格。

"总共是100元零5角！"阿宝说。

"太好了，一分也没少！"皮喽兴奋极了！

皮喽的统计表格

面 值	1元	5角	1角	总数
数 量	51	83	80	214枚
总 计	51元	41.5元	8元	100元零5角

在一组关于学生零花钱管理情况的调查中，几位学生的回答如下：

我的零花钱在和父母商量以后，经过他们的同意才能使用。

1

我的零花钱不能乱花，它们都被妈妈存在银行里了。

2

我的零花钱都是向爸爸、妈妈要来的，要多少给多少，不过我必须告诉他们用它来做什么。

3

妈妈每周都会给我一次零花钱，让我自己管理。

4

小朋友，你的零花钱是由谁来做主的呢？

富爸爸告诉你

　　零花钱，顾名思义，就是在孩子手中可以供他们自己自由支配的钱。父母给我们零花钱意味着：我们长大了，独立了，要学会自己管理了。因此，我们要肩负起这份责任，不辜负爸爸妈妈对我们的信任。

　　所以，我的零花钱还要由我来做主！

FQ动动脑

想一想

1. 针对咕一郎背着皮喽换硬币的行为，和爸爸妈妈讨论这种行为是否妥当，并说明理由。

2. 除了皮喽统计的零钱组合方式，1元、5角、1角还可以以怎样的方式组成100元零5角呢？（提示：列出表格尝试一下，有多种组成方式哦。）

面值	1元（个数）	5角（个数）	1角（个数）	总数
数量				100元零5角
数量				100元零5角
数量				100元零5角
数量				100元零5角

小朋友，你在日常生活中是如何获得零花钱的？请为你获得的零花钱做一份零花钱使用计划吧。

途　径	零花钱使用计划
1.	
2.	
3.	
4.	
5.	

三、我要增加零花钱

橘子要增加零花钱

"嗨，橘子你来得正好呀。"同学们看到橘子同学走进教室，开心地跟她打招呼，"你知道吗？学校旁边新开了一家自助蛋糕店。"

"真的吗？"橘子不敢相信自己的耳朵，睁大了眼睛。

"我们放学就去吃，好不好？"大家热烈地邀请橘子一起光顾那家蛋糕店。

橘子很开心地点头说道："我要去，我要去。"突然，橘子停住了："惨了，我这个月的零花钱快花完了。对不起啊，还是算了吧，你们自己去吧。"

"啊？橘子不去就太没有意思啦。"大家都很失落，"现在才月初，你的零花钱就不多了啊？"

"那是因为我每月的零用钱很少，少得都会让人笑话。"橘子委屈得都快哭了。

"你总是说少，到底是多少啊？"一个同学问橘子。

橘子勾了勾手指，示意大家向她靠拢。

"啊？这也真的太少了吧？！"大家异口同声地说道，对橘子深表同情。

经过一番讨论，橘子深深地发现自己的零花钱真的少到不能叫作零花钱。因此，她感到格外伤心。

回到家中，橘子看到妈妈正在饭桌旁噼里啪啦地敲打着计算器。

橘子很嗲（diǎ）地叫了一声"妈妈"。

"不行！"妈妈没有停止手里的动作并且严厉地拒绝了橘子。

"我什么都还没说呢。"橘子一阵郁闷。

"还不是要增加零用钱？"妈妈头也不抬地回答道。

橘子心想：好厉害啊，这都能猜到。于是，她加强撒娇攻势，软磨硬泡："妈妈，拜托，我的零用钱确实比别人少，妈妈……"

"砰！"妈妈生气地将正在记账的笔拍在了桌子上，"我说不行就是不行啦！你看看这本账簿，家里没有更多的钱给你当零花钱的。每天只想着提高零花钱额度，要提高就先提高你的学习成绩看看吧。"

"嗯？妈，你穿的是奶奶的休闲运动服吧？"

橘子猛然发现妈妈正穿着奶奶要丢掉的衣服。

　　"没错，奶奶说不想穿快要丢掉的衣服，我就捡来穿了。好好的衣服，这样丢掉怪可惜的。我连买新衣服的钱都舍不得花。"妈妈语重心长地告诉橘子，"我觉得能穿的衣服就要穿到不能再穿为止。你在要求增加零花钱之前，应该想想'节约'这个问题。"

　　听了妈妈的一番话，橘子陷入了沉思。

聪明的小朋友，既然不可以再向妈妈多要零花钱，你来想办法帮橘子增加她的零花钱吧。

富爸爸告诉你

对于很多同学来说，零花钱永远是不够用的。如果大家想增加自己的零花钱，就要通过合理的方法来提高。

有的同学会选择和父母谈判，诸如提高学习成绩，每周多做几次家务，帮爷爷奶奶去市场买菜等，以此作为提高零花钱的筹码；有的同学则是尝试节约，将有限的零花钱用在"刀刃"上；有的同学则使用储蓄的方法，把钱存在银行，这样不仅控制了自己不合理的消费，还会获得额外的利息收入。

其实，我们还有其他一些既可以增加零花钱又能够提高大家财商的方法，下面请大家看几个与财商有关的案例，希望这些案例可以给大家带来一些启发。

FQ动动脑

填一填

阅读下文的"案例一",如果罗伯特和迈克的阅览室平均每天有12位小朋友来看书,并且他们向每位来看书的小朋友收取10美分的费用;同时,他们每周要付给管理员1美元(1美元=100美分)。请你帮罗伯特和迈克算一算,他们的阅览室一个月的纯收入是多少呢?

聪明的小朋友,一定要注意时间单位哦。一周和一个月可要分清楚啊。

我知道,我知道!阅览室每月的收入是_____美元。

FQ超链接

财商小故事

案例一

著名的投资家和财商教育家罗伯特·清崎从

小就开始关注金钱方面的问题，培养自己的财商。

9岁那年，他在马丁太太家帮忙的时候，发现马丁太太正在整理一些旧的小人书，并且想把它们处理掉。罗伯特灵机一动，要求马丁太太把这些旧书送给他，并答应经常帮她做家务。

回到家中，罗伯特和他的好朋友迈克一起把地下室清理了一下，接着他们把几百本小人书搬了进去。很快，小人书阅览室就开始对外开放了。迈克的妹妹——一个很爱读书的小女孩——做了他们的管理员，她会向每个来看书的孩子收取10美分的费用，阅览室的开放时间定在下午放学后。每天会有很多的孩子在放学之后光临这个小人书阅览室。在接下来的几个月中，罗伯特和迈克获得了不菲的收入。

案例二

9岁的吉姆同学是深圳某国际学校的一名小学生，他自己利用课余时间设计制作了一款挖金矿的小游戏。当他在学校宣布要出售这款游戏光盘时，当场就以5元的价格卖出一张。随后他又接到了7个同学的订单。当他再次拿着光盘去学校的时候，居然引起抢购。吉姆只好对仅有的7张光盘现场进行拍卖，价高者得。最后，他以每张20元的价格售出。

案例三

深圳某小学六年级的甘同学爱好写作，她的文章文采飞扬。于是，她和同班同学打算合出一本作文集。她们把自己的作品进行编辑、打印，并投稿至出版社。没想到竟然被出版社选中，最终印刷、出版，甘同学还意外获得一笔稿费。此后每隔一段时间，出版社都会给他结算一部分版税收入。

FQ笔记

在财商案例中，吉姆同学和甘同学都凭借自身的优势，为自己赚到了零花钱，同时也锻炼了自己的能力。

聪明的小朋友，想一想你自己的优势是什么？你将如何发挥自己的长处，为自己赚取更多的零花钱呢？请把你的想法写在下面的文本框中。

_____

_____

_____

_____

_____

_____

_____

_____

_____

四、管理零花钱

缺乏理财规划的人生

"叮—铃—铃"放学了，美妞、阿宝和咕一郎三人争先恐后地冲出了教室。他们在楼梯口遇到了皮喽同学。

"我们发现了一家饭菜做得超级好吃的美味餐厅，一起去吧？"咕一郎开心地邀请皮喽。

29

"真的吗？太好了！"皮喽一听到好吃的就会很激动，"但是，……"皮喽犹豫了一下，因为前天妈妈刚给的100元零花钱已经被自己花光了。经过一分钟激烈的思想斗争，皮喽终于未能抵抗住美食的诱惑，答应了好朋友们的邀请。

　　在美味餐厅，四个好朋友开心地饱餐了一顿。

　　"真好吃啊！我们ＡＡ制吧，自己给自己埋单。"美妞率先掏出了自己的零钱包。等大家都拿出钱以后，皮喽开始假装翻腾自己的口袋："咦，真奇怪，我的50块钱呢？怎么不见了啊？美妞，不好意思，你能不能帮我垫付一下，我以后还你。"结果，皮喽让美妞帮他付了账。

　　离开美味餐厅，阿宝他们提议要去文具店逛逛，但是却被皮喽婉言拒绝了：

"对不起啊，我今天的功课还没完成，得先回家写作业。"说完，他就以迅雷不及掩耳之势朝着家的方向飞奔而去。但是，皮喽却在心里埋怨：哎！只要还有10块钱，我就可以跟他们一起去文具店了。

回到家，皮喽就冲妈妈大声嚷嚷："哎呀！我的零花钱都花光啦。就因为没钱，和朋友们去吃饭都没办法结账，更不能和朋友们一起逛文具店。妈妈，你就不能多给我一些零花钱吗？"

听了这番抱怨，正在做家务的妈妈转过身，生气地对皮喽说："前天才给了你100块，谁让你两天之内就把一周的零花钱都花光了？总之，如果不改掉乱花钱的坏习惯，你一辈了都不会有钱的！"

"等着瞧吧。等我长大挣钱了，就可以买任何自己想要的东西了！"妈妈的这番话让皮喽很是不服，他握紧拳头，狠狠地为自己打气加油。

15年后……

在全市最大的百货商场里，刚发了工资的皮喽正在兴奋地购物："耶！我今天买了苹果电脑、名牌衬衫，还有送给心爱的美妞的漂亮裙子……哈哈，工资还剩下不少呢！"

在接下来的几天里，皮喽豪爽地请朋友们吃大餐，请美妞看电影，带着妈妈逛商场、买衣服……

某天中午要去吃饭的时候，皮喽摸着干瘪的钱包，可怜兮兮地央求对面的同事："哥们

儿，我的工资花完了，你能请我吃午饭吗？"

同事有些惊讶："半个月前刚发的工资，这么快你就全花光了？"

皮喽挠着头，不好意思地说："嘿嘿，需要花钱的地方挺多的，我的工资都不够花啊。"

同事语重心长地劝他说："小子，你得存点钱啊，不是打算明年结婚吗，这样下去，你拿什么结婚呢？"

皮喽拍拍胸脯，说道："兄弟，不用为我担心！婚又不是用钱结的，生活要快乐一点，我不想活得那么憋屈。"

晚上，皮喽和美妞一起来到美妞家里和美妞爸爸见面。

经过一番对话，美妞爸爸变得非常生气："什么？你工作两年了，竟然没有任何存款，还欠了2.3万元的信用卡贷款，那你打算用什么结婚？"

皮喽紧张地从座位上站起来，低声地道歉："叔叔，我会尽快把信用卡的贷款还清的。结婚的话，我们花不了多少钱的……"

还没等皮喽把话说完，美妞爸爸更生气了："结婚不用花钱？我来帮你算算，结婚买房首付7万元，家电3万元，婚礼2万元，婚纱2000元……"

美妞爸爸列举了很多需要花钱的地方，皮喽听得头都晕了："天啊，原来什么都要花钱啊！"

备受打击的皮喽瘫坐在地上，疯狂地挠着头："哎！我每个月赚的那些工资已经够多了，怎么还是不够花啊？"

你认为故事中皮喽的做法哪些地方不对，请指出来，并说说你的理由。

富爸爸告诉你

　　故事中的皮喽从小不善于管理自己的零花钱，也没有养成一个良好的消费习惯。所以等他长大以后，这一不良的消费习惯愈演愈烈，导致自己的生活陷入巨大的财务困境之中。

　　所以，亲爱的同学们，谨记：管好零花钱一小步，幸福生活一大步！

想一想

1. 亲爱的同学们，你的零花钱是怎么花的呢？

_____

_____

2. 选一个和你最相似的小朋友，在他（她）上面画个圈吧。

> 哈哈，我现在有零花钱了。你们想吃什么，尽管说，我请客。

真的吗？那我也来买一个吧。

这个玩具可有意思了，你也买一个吧。

其他的小朋友都有滑板车了。虽然我对它不是很感兴趣，但是如果我没有的话，会被别人笑话的。

虽然想要买的东西很多，但还是应该买最想要的。

涂一涂

我的零花钱是这么花的：

用　途	零食和玩具	学习用品	请客和礼物	其　他
比　重	☆☆☆☆☆	☆☆☆☆☆	☆☆☆☆☆	☆☆☆☆☆

写一写

1. 一个月的零花钱竟然在一周内就花光了，怎么办？

_____

_____

2. 有的小朋友总是向家长要零花钱，为什么我的零花钱都不知道怎么花呢？

_____

_____

小贴士

零花钱的管理

花钱是一门精深的学问，我们正是从买小零食、小玩具开始慢慢地学会如何管理欲望，如何对资源进行合理分配。零花钱的管理不仅包括这笔钱是否得到合理消费，还包括它的来源是否合理，是否定期把适当数额的零花钱储蓄起来等。如果对待零花钱态度很随意，从来不对它进行任何规划，当需要用钱的时候却没有钱，我们就不得不放弃很多事情。

同学们从小就要养成管理零花钱的好习惯。

制订合理的消费计划

在日常生活中，大人们通常会制订一些行之有效的计划，比如什么时候参加工作、什么时候买房子、什么时候结婚、什么时候去旅行……他们都是一边制订计划一边生活。这样，我们的生活才能变得更美好。

同学们也应该学习制订计划，比如，放学以后，什么时候预习功课，什么时候做作业，什么时候上网……然后按照计划安排自己的生活。

花钱的时候也一样，我们总会有很多想买的东西，但这要根据我们的经济能力来决定购买什么，购买多少。所以，我们同样需要制订花钱的计划。在所有想要购买的东西中，清楚地知道什么是自己最需要的，什么是应该先买的，应该花多少钱去买……这就是我们所说的"消费计划"。

FQ笔记

制订一张本周消费计划表，将计划消费的项目、数量、价格及价格总和填在相应的空格内。

消费计划表

序 号	消费项目	数 量	单 价	合 计
1				
2				
3				
4				
5				
6				
7				

消费总计：

五、零花钱合同

洛克菲勒家族的零花钱合同

他是世界上第一个拥有10亿财富的美国富豪，也是全球最伟大的慈善家和现代慈善业最大的组织者。尽管洛克菲勒富甲天下，但他从不在金钱上放任孩子。

"14条洛氏零花钱备忘录"是约翰·戴维森·洛克菲勒和自己的儿子"约法三章"提出来的。这一备忘录在家族中流传至今。它对家族子孙后代们管理财富能力的培养发挥着巨大的作用。

14条洛氏零花钱备忘录

1. 从5月1日起，约翰的零花钱起始标准为每周1美元50美分。

2. 每周末核对账目，如果当周约翰的财政记录让父亲满意，下周的零花钱上浮10美分（最高零花钱金额可等于但不可超过每周2美元）。

3. 每周末核对账目，如果当周约翰的财政记录不合规定或无法让父亲满意，下周的零花钱下调10美分。

4. 在任何一周，如果没有可记录的收入或支出，下周零用钱保持本周水平。

5. 每周末核对账目，如果当周约翰的财政记录合规定，但书写和计算不能令爸爸满意，下周的零花钱保持本周水平。

6. 爸爸是零花钱水准调节的唯一评判人。

7. 双方同意至少把20％的零花钱用于公益事业。

8. 双方同意至少把20％的零用钱用于储蓄。

9. 双方同意每项支出必须清楚、确切地被记录。

10. 双方同意在未经爸爸、妈妈或斯格尔思小姐（家庭教师）的同意下，约翰不可以随意购买商品，也不能向爸爸、妈妈要钱。

11．双方同意如果约翰需要购买零花钱使用范围以外的商品时，约翰必须征得爸爸、妈妈或斯格尔思小姐的同意。后者将给予约翰足够的资金。找回的零钱和标明商品价格、找零的收据必须在商品购买的当天晚上交给资金的给予方。

12．双方同意约翰不向任何家庭教师、爸爸的助手或其他人要求垫付资金（车费除外）。

13．对于约翰存进银行账户的零花钱，其超过20%的部分（见细则第8条），爸爸将向约翰的账户补加同等数量的存款。

14．以上零花钱公约细则将长期有效，直到签字双方同时决定修改其内容。

洛克菲勒家族如此富有，为什么还要和孩子签订如此严格的一份合同呢？

洛克菲勒家族认为富裕家庭的子女比普通人家的子女更容易受到物质的诱惑。所以，他们对后代的要求比寻常人家反而更加严格。约翰·戴维森·洛克菲勒也是以小见大，他认为：如果孩子从小不能对小额数目的零花钱进行管理，长大也就不能管理更大数目的资产。洛克菲勒利用这14条零花钱备忘录使孩子从小养成不乱花钱的习惯，学会精打细算、当家理财的本领，这使得他的后人成年后都成了经营财富的能手。

FQ动动脑

下面是一个零花钱合同的模板，大家观察一下它有什么特点。

零花钱合同

甲方（家长）：_____

乙方（学生）：_____

1. 从____年____月____日起，乙方每周的零花钱起始标准
   为_____元人民币。

2. 零花钱将在每周的星期_____由甲方付给乙方。

3. 身为家庭中的一员，乙方必须按时、按质履行自己的家庭
   义务。（a.帮家长端茶倒水等；b.整理内务：叠被子、
   打扫房间、洗袜子及内衣等；c.每周打扫卫生间____次；
   d.洗碗____次/周；e.拖地____次/周 f. 其他：____次/周）
   在此基础上，若完成_____等额外工作，甲方须另
   外付给乙方_____元作为奖励。

4. 乙方每周从零花钱中留_____元作为储蓄或者做慈善等
   有意义的事情。

5. 乙方对零用钱收支情况认真记录现金流水账，每周由甲方
   对此进行检查，如账目合格可适当给予奖励。（比如，每

周零花钱增加_____元）

6. 双方同意乙方不向指定零花钱支付人以外的其他人索要零花钱。

7. 除以上约定外，双方还可做补充约定，把商议内容写在备注项中。

备注：

甲方签名：   乙方签名：

年　月　日   年　月　日

FQ笔记

检查自己和父母签订的零花钱合同能否顺利执行。如果执行得不错，把你的经验和同学分享一下。如果执行得不够彻底，分析一下原因。

六、培养你的契约精神

故事一：犹太人的诚信

犹太人在做生意这个问题上尤为注重遵守合同。

蘑菇罐头商人比尔与犹太商人拉克签订了10000箱蘑菇罐头合同，合同规定如下：每箱20罐，每罐100克。

但是，罐头商人比尔在装货时出了点问题，他装运了10000箱150克的蘑菇罐头。

每罐蘑菇的重量虽然比合同中规定的重量多了50克，但犹太商人拉克却拒绝收货。蘑菇多了，拉克占了便宜，他为什么要拒绝收货呢？

事实上，交易没那么简单。

即使每罐增加50克并不加价，作为进口方的犹太商人也不会接受，因为这样将会打乱他们的经营计划，会使今后的经营出现更大的问题。

所以，既然签订了合同，交易双方就要严格遵守，这样既代表诚信，又能避免遭受意外损失。仅仅看见了眼前利益就不严格履行合同的做法是不可取的。

故事二：周总理借书记

一次去北戴河视察工作，周恩来总理需要看世界地图和一些书籍。于是，随行的工作人员给北戴河文化馆打电话，说："有位领导要看世界地图和一些书籍，麻烦你送过来。"然而文化馆接电话的小黄却严肃地拒绝了他："我们文化馆有规定，本馆的图书不外借，要看书的话请自己来图书馆。"

第二天，总理便冒雨到文化馆看书。小黄一见是周总理亲自来到馆内看书，心里很懊悔。但是，周总理却和蔼地安慰他说："你做得很对，无论是谁都应该遵守制度。"

1. 如果做生意的商人都不遵守合同，这会产生什么样的后果？
2. 图书馆的制度、学校的纪律属于合同吗？为什么一定要遵守？

富爸爸告诉你

想要成为一个成功的人，信守约定的契约精神是我们必备的品质之一。但是培养契约精神不是在一日之内就可以实现的。小朋友可以从小事做起，从遵守和父母的零花钱合同、和朋友的拉钩，从遵守学校的纪律、规定，从遵守国家的法律和规则做起。相信每一位同学长大后都可以成为一个守信、拥有契约精神的成功者。

FQ动动脑

想一想

1. 小朋友，你在生活中都签订过哪些合同？是否遵守了这些合同呢？

_____

_____

_____

_____

2. 你将如何培养自己信守约定的契约精神呢？

_____

_____

_____

_____

犹太人是最为守约的民族

在很久以前，犹太人立约的时候需要准备一只小羊羔。立约双方站在羊羔的两侧，然后双方将羊羔分为两半，血流在中间，表明立约的双方要严格遵守约定，如有违约，就如此羊。

由此可见，犹太人对于契约、约定的重视，对于信守诺言的坚定态度。这也是犹太人成为优秀民族的重要条件。

合同与契约精神

1.合同

合同是当事人在彼此同意的前提下，以书面形式形成的约定。

其实，合同在我们的生活中无处不在。我们每个人都体验过合同，比如我们和玩伴的"拉钩""口头约定"，爸爸妈妈常对我们说的"约法三章"等。这些都是生活中的非正式合同。

我们买房子要签订购房合同，去单位工作要签订劳动合同，等等。另外，生活中还有一个最大的隐形合同，那就是国家和每个公民签订的合同——法律。

合同既是一种约束，又是一种保障。

简单地说，契约就是约定，就是合同。

2.契约精神

所谓"契约精神"是指存在于商品经济社会及由此派生的契约关系与内在的原则。简单地说，契约精神就是一种平等守信的精神。

"契约"一词源于拉丁文，原意为"交易"。其本质是一种契约自由的理念。

给爸爸、妈妈讲一个有关"信守约定"的小故事，并且和爸爸妈妈想出一个可以更好地遵守零花钱合同的好方法，写在下面的空白处。

_____

_____

_____

_____

_____

_____

_____

_____

_____

七、记账小专家之记账

王永庆卖米

王永庆是台湾最富有的人之一，并被誉为"经营之神"。

小时候，王永庆的家里非常贫穷。小学毕业后，家里再也无力承担他上学的费用，他只好到父亲的茶园里干活。15岁那年，在叔叔的帮助下，他来到了一家日本人经营的米店打工。

日本老板对自己要求极其严格，做事不能有丝毫偏差，做账更是如此。王永庆边干活边学习，每天米店关门后看老板怎么记账、如何核算成本。

半年后，王永庆学会了如何记账、如何经营米店。于是，他带着家里凑的200元和两个弟弟到台湾南部的嘉义开米店。

由于资金有限，他只好选择了一个偏僻的小店面。米店开张后，生意十分冷清。因为顾客习惯到就近的米店买米，否则把米背回去会很吃力。

于是，王永庆开始添置一些运输工具，主动送货上门。生意逐渐好了起来。

他每天将进货、出货的账目记得十分清楚。同时，由于他一直保持记账的习惯，他每天在送米的时候，还会将买米的人的姓名、住址、家里有几口人、预计这次买的米能吃几天、下次买米的日期等都一一记录下来，等到顾客下次需要买米的时候，

他又主动送货上门了。

后来，他进一步了解到，一些人家只能等到发工资的时候才会去买米，而在发工资之前只好忍饥挨饿。于是，王永庆就给这些顾客先送米，然后记下他们发工资的日子，等他们发工资后的一两天内再去讨要米钱。就这样，小小年纪的王永庆的米店生意越做越红火，有时一天甚至可以卖出一百多斗的米。

王永庆因为善于记账、善于经营，逐渐成为了台湾的首富。

通过记账我能得到什么？

我认为，通过从小开始记账，我将有如下收获：

_____

_____

_____

记账是学会理财的第一步。通过记账，我们能更清楚地了解自己零花钱的使用情况，检查哪些支出是合理的，哪些支出是可以节约的，避免消费行为中的盲目和混乱，对零花钱的管理起到积极的作用。同时，记账本身就是一种重要的生活技能，掌握这种技能对管理自己的生活也是有益的，在得失中，你最终将成为一个精明的消费者。

小贴士

记账好处多

1. 控制不合理的消费、不乱花钱；

2. 养成记录、记账的习惯，让自己更加认真、细致；

3. 培养对数字的敏感性和"好感"，提高分析问题、解决问题的能力；

4. 为将来能轻松看懂财务报表和管理好很多的财富打下基础。

古人的记账方式

古人最早用绳子来记事和记账(见图1），仰韶文化时期（新石器时代，距今5000～7000年）出现了简单的文字和记录符号（见图2），殷商时期（距今3000多年）有了比较系统的文字——甲骨文（见图3），汉代的人在竹简上进行"简式记账"（见图4）。

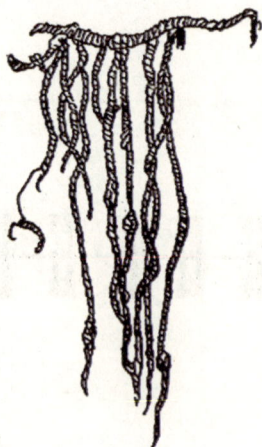

图1 结绳记事——原始社会时期

图2 姜寨陶文——仰韶文化时期

图3 甲骨文——殷商时期

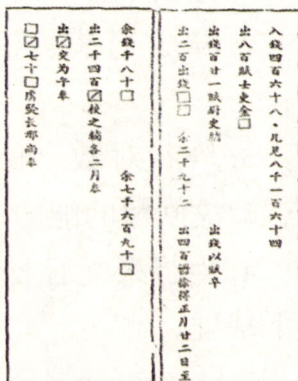

图4 "居延汉简"（竹简）——汉代

你知道什么是"记账"了吗？

记账就是准确记录每一笔收入和支出，总结结余。

FQ动动脑

说一说

你的爸爸、妈妈、爷爷、奶奶都是怎么记账的？

我的记账本

电子记账本

手写记账本

同学们，也来秀一秀你的记账本吧。请用数码相机或手机拍下你的记账本，把它贴在下面的相框里。

八、记账小专家之现金流水账

阿宝记账

自从学习了财商知识，阿宝开始记账了。他每天都在自己的笔记本上认认真真地记录每天的流水账。

阿宝同学的现金流水账（始于2015年3月1日）：

◎3月1日：之前积攒的零花钱一共有120元；

◎3月2日：妈妈给了 30元零花钱；

◎3月3日：给同学买礼物花费8元；

◎3月6日：买早点支出5元；

◎3月15日：吃快餐消费20元；

……

一天，美妞看到了阿宝的现金流水账，对阿宝说："阿宝，你的账本没有按照规范的格式记录自己的流水账，这样既不容易分辨收入和支出，也不容易计算余下的钱。我的账本是有固定格式的，你可以按照我的方法记流水账。"

美妞把自己的账本借给阿宝作为参考。于是，阿宝把自己的流水账做了一番修改。大家看，阿宝的账本是不是变得一目了然了呢？

请小朋友帮阿宝把他的流水账补充完整吧！

		阿宝的现金流水账			单位：元	
序号	日期	事项	收入	支出	结存	说明
1	2015-3-1	之前积攒的零花钱			120	
2	2015-3-2	妈妈给的零花钱	30		（　）	
3	2015-3-3	给同学买礼物		8	（　）	
4	2015-3-6	买早点		5	（　）	
5	2015-3-15	吃快餐		20	117	
6	……	……	……	……	……	……

现金流水账的三大构成要素

现金流水账本中的重要"科目"主要有收入、支出和结存（结余）三大项。

现金流水账

序号	日期	事项	收入	支出	结存
1					
2					
3					
4					
5					

1."收入"即收到多少钱

一般大人的收入可分为工资收入、存款利息、股利（股票分红，也叫股利或红利）、房产租金收入、企业投资收益等。

2."支出"即花费多少钱

一般大人的支出可以分为税金（如个人所得税），各项贷款的月度还款额（包括住房贷款、教育贷款、购车贷款、信用卡还款等），额外支出，其他支出等。

　　对于一个家庭来说，所谓的"其他支出"都包括哪些内容呢？

　　我们通常把水电费、电话费这类支出列入"其他支出"；旅游度假费、借钱给亲戚朋友，或者慈善捐款可以列入"额外支出"。

3.（当月）"结存"即（当月）总收入减去（当月）总支出（余下的钱）

　　公式如下：

　　结存 = 总收入 −总支出

　　本期结存 = [（当月）收入−（当月）支出] ＋上期结存

FQ动动脑

写一写

　　我们小朋友目前的收入与支出可分为哪些项目呢？请列举一下。

　　（1）收入：＿＿＿＿＿＿＿＿＿＿＿＿＿＿＿＿＿＿＿＿

　　（2）支出：＿＿＿＿＿＿＿＿＿＿＿＿＿＿＿＿＿＿＿＿

一个"月光族"的记账史

大家好！我叫悠悠。我是一个典型的城市小白领，月收入为8000元，收入还算可以，但是我花钱的速度可以赶得上"战斗机"，所以，账户中没有任何存款。在去年的一次同学聚餐中，好友阿欣向我们宣布：月收入仅为6000元的她已经有了5万元存款。听完阿欣的话，我痛下决心，制定了一个"5年攒出10万元"的目标。

对于"月光族"的我来说，我深知自己首先要做的就是减少支出，特别是冲动类的消费。于是，我写下了"学会记账，控制冲动类花费"这句话来提醒自己，并把它贴在家中最醒目的地方。最终，我发现这个办法还是挺有效果的。从开始记账到现在还不到一年的时间，我已经有2.5万元的存款了。

想知道我究竟是如何记账的吗？请听我娓娓道来。

起初，我只是机械地把每天的消费进行记录：

后来我开始做分类账，这样就能更好地分辨自己的收入和支出。大约一两个月后，我对记账本做了分析，发现在所有开销中比重最大的是服装和饮

1月15日：午餐KFC 30元、酸奶6元、

上衣500元、裙子198元；

1月16日：洗衣费30元、晚饭27元……

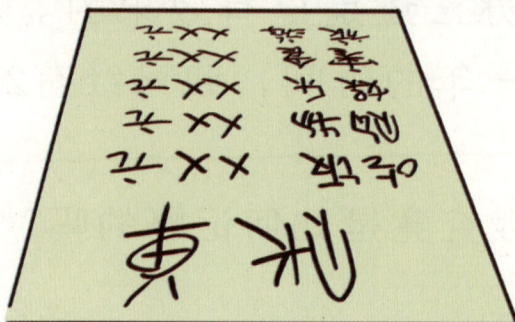

食。我便开始降低这两部分的开销，比如降低随意地邀人聚餐的次数，这样一来，我把非预算开支减少了80％。

记账的经验让我这个"月光族"体会到：记账的目的并不是单纯地为了省钱，而是帮助我们清楚地记录收入与支出状况，方便我们对各类花销进行回顾和总结，培养我们对自己及对个人财富的负责态度。

你会记账吗？你平时都是怎么记账的？

我的记账方式：

_____

_____

_____

_____

_____

FQ笔记

记录本月的流水账，并请爸爸、妈妈按照零花钱合同要求对自己进行监督、检查。

序号	日期	事项	收入	支出	结存	说明
						我的现金流水账 单位：元
1						
2						
3						
4						
5						
6						
7						
8						
9						
10						
11						
12						
13						
14						
15						
16						
17						
18						
19						
20						
21						
22						
23						
24						
25						
26						
27						
28						
29						
30						

九、记账小专家之分类账

美妞的分类账

今年一开学，美妞妈妈就给美妞买了一个非常漂亮的记账本。美妞开心极了，声称自己会认真做好每天的记录情况。

一个月过去了，美妞骄傲地打开自己的记账本给妈妈看：3月份的流水账被美妞记录得整整齐齐。

"美妞，你的流水账记得非常好，我很满意。那你愿意接受挑战，把你的流水账变成分类账吗？"妈妈拿着记账本，看着美妞，满怀期许。

"分类账吗？我没有做过，不过我可以试试看。"美妞勇敢地接受了挑战。

美妞打开了记账本，她发现原来记账本中还有分类账的表格，高兴地说道："真是太好了，这样就可以在流水账和分类账之间进行直接转化了。"

小朋友，你来帮美妞记一下她的分类账吧！

美妞的分类		单位：元	
日 期: 2015年3月1日至2015年3月31日			
类 别	科 目		金 额
	之前的零花钱（上月结余）		35
收 入	父母给的零花钱		40
	其他收入		0
	合 计		（ ）
	购买学习用品		0
	购买食品		18
支 出	购买饰品		（ ）
	其他支出		25
	合 计		（ ）
本月结余			10

美妞的现金流水账			单 位：元		
序 号	日 期	事 项	收入（+）	支出（-）	结余
1	3月1日	之前积攒的零花钱	35		35
2	3月2日	父母给的零花钱	20		55
3	3月3日	给同学买生日礼物		25	30
4	3月6日	买早点		3	27
5	3月13日	买薯片		15	12
6	3月15日	买发卡		10	2
7	3月16日	妈妈给的零花钱	20		22
8	3月20日	买蝴蝶结		10	12
9	3月24日	买头饰		12	0

仔细对比美妞的分类账与流水账，说一说它们有哪些区别？

富爸爸告诉你

当我们记录了一段时间的现金流水账后（比如一个月或三个月），我们需要对记录的内容进行分类汇总，以便了解这段时间的总收入是多少、总支出是多少、钱主要花在哪些项目上、哪些项目的支出可以更加节省等。

分类账实际上就是对现金流水账进行分类汇总。

在分类账表中，"收入项"下面有四个科目，分别为上月结存、父母给的零花钱、做额外家务挣的钱、其他收入。

"支出项"下面也有四个科目，分别为购买学习用品、购买食品（包括零食、饮料、快餐等）、购买玩具、其他支出。

分类账的计算公式：

本月结存 = 收入合计 − 支出合计

分类账（月度）		单位：元
日期: 201__年__月__日至201__年__月__日		
类 别	**科 目**	**金 额**
收 入	（之前积攒的零花钱）上月结存	
	父母给的零花钱	
	做额外家务挣的钱	
	其他收入	
	合 计	
支 出	购买学习用品	
	购买食品	
	购买玩具	
	其他支出	
	合 计	
	本月结余	

FQ动动脑

想一想

分类账中的本月结存与流水账中的（本月）结存相等吗？

零花钱APP

零花钱APP是儿童专用的零花钱记账软件，是实践财商教育的有力帮手，它主要针对家庭教育中存在的一些问题，比如孩子花钱大手大脚，丢三落四，不懂分享，不爱帮助他人、不喜欢劳动等。这款软件能够切实从观念和行为上培养孩子的好习惯，即：

第一，培养孩子正确的金钱观、价值观和人生

观。正确的金钱观表现在：金钱本身只是一个工具，但是当它与人联系在一起就表现出了其"二元"特征，即"善与恶""好与坏""道德与不道德"。通过APP中的两个人物（FQ侠和黑市魔）让孩子学会如何甄别金钱的"二元"特征。正确的价值观表现在：让孩子用科学、理性的方法发现金钱的价值，学习善用金钱善的力量认识金钱世界，学会帮助他人，并培养孩子的理性习惯。正确的人生观表现在：通过APP中的梦想设置，培养孩子做事情的动机、目标管理能力，以及自强不息的精神，让孩子学会用自己的兴趣创造财富，实现自己的人生价值。

第二，我们在日常生活中每天都要用到金钱，但是很多小孩却对之不甚了解。通过APP的使用，让孩子对金钱有一个科学、理性的认识，避免在金钱生活中百用不得其解、百用不愿求解的错误观念。

第三，虽然家长知道通过零花钱可以培养孩子的财商，但是管理零花钱却是一件很枯燥的事情。家长平时较忙，没时间管理孩子，更没有时间提高孩子的财商，零花钱管理软件既能够帮孩子管理零花钱，又能够让家长了解自己孩子。

你从FQ超链接的案列中得到哪些启发？

小贴士

记账与创富

记账不仅仅是一种良好的生活习惯，更是管理财富的一种极佳方式。现在好多团队竟然想到研发各种帮助大家记账的APP来赚钱，这种创新理念与传统技术的碰撞结合竟然带来了意想不到的收益。亲爱的小朋友，快来启动你的财商智慧，思考一下，你身边有什么能创造收益吧！

FQ笔记

结合自身的情况，请你在月末做出本月的零花钱分类账表，并请爸爸、妈妈帮忙检查一下。

分类账（月度）		单位：元
日 期: 201__年__月__日至201__年__月__日		
类 别	科 目	金 额
收 入	之前积攒的零花钱（上月结存）	
	父母给的零花钱	
	做额外家务挣的钱	
	其他收入	
	合 计	
支 出	购买学习用品	
	购买食品	
	购买玩具	
	其他支出	
	合 计	
	本月结余	

十、压岁钱的由来

"祟"的故事

传说很久很久以前,有一个名为"祟"的可怕小妖。它常常会在除夕夜出来活动，只要"祟"用爪子去摸一下睡着的孩子的头，被"祟"摸过的小孩就会发烧、说梦话，退烧后就会变成痴呆疯癫的孩子。

据说嘉兴府有一户姓管的人家，夫妻俩老年得子，把孩子视为心肝宝贝。到了除夕夜，他们怕"祟"会来摸自己的孩子，就一直陪在孩子身边做游戏。夫妻俩用红纸包了八枚铜钱，包了拆，拆了包。等到孩子玩累了、睡着了，夫妻俩就把八枚铜钱用红纸包好放在孩子的枕头下面。但是，他们却不敢合眼，就坐在床边的椅子上守着熟睡的孩子。

半夜，等夫妻俩也睡熟以后，突然一阵阴风吹来，房门被吹开了，灯火也被吹灭了。这时"祟"已经来到小孩子床边，当它刚伸手要去摸孩子头的时候，枕头边忽然迸发出道道金光，吓得"祟"落荒而逃。

第二天一早，夫妻俩把用红纸包八枚铜钱吓退"祟"的事告诉了大家。从此以后，村子里的人们都在除夕夜学着用红纸包铜钱，孩子就太平无事了。于是，这个行为渐渐流传下来，逐渐形成我们现在过年发压岁钱这一习俗。

l.长辈们为什么要给孩子压岁钱呢？

2.如果长辈们给的压岁数额比较多的话，该如何处理呢？

富爸爸告诉你

每到过年的时候，长辈们都会给孩子们"压祟钱"。因为"祟"与"岁"谐音，经过长时间的演变，"压祟钱"就变成了"压岁钱"。

长辈们给晚辈压岁钱，是期望孩子能健康成长，平安幸福，希望他们无论是在学习上还是工作上，都能取得更大的进步！

压岁钱无论多少，都代表着长辈对我们的祝福。我们在收到压岁钱的时候，也应该向长辈表达我们的感谢和祝福。

FQ动动脑

练一练

请将各时期的压岁钱名称与其所对应的时期连接起来。

厌胜钱　　　　　　　　唐代

红绳串铜钱　　　　　　汉代

洗儿钱　　　　　　　　明清时期

红纸包银圆　　　　　　宋元时期

龙形的彩绳　　　　　　民国时期

FQ超链接

古代的压岁钱

春节，长辈给晚辈压岁钱的习惯由来已久。最早的压岁钱出现于汉代，也叫"厌胜钱"。当然，这厌胜钱还不是市面上流通的普通货币，而是为了佩戴玩赏而专门铸造成钱币形状的辟邪品。压胜钱

正面一般铸有各种吉祥语，如
"千秋万岁""天下太平""去
殃除凶"等，背面则铸有龙凤、
龟蛇、双鱼、斗剑、星斗等吉祥
图案。

　　唐代，宫廷里春日散钱之风
盛行。当时春节是"立春日"，是宫内相互朝拜的
日子，民间并没有这一习惯。传说杨贵妃生子，唐
玄宗亲自去探望，赐给孩子金银作为"洗儿钱"。
这里说的"洗儿钱"并不算是长辈给的压岁钱，而
是长辈给新生儿的辟邪驱魔的护身符。

　　宋元以后，正月初一取代立春日，称为"春
节"。春日散钱的风俗就演变成为给小孩压岁钱
的习惯。清代的《燕京岁时记》是这样记载压岁钱
的：用彩绳编制为龙的形状，放置在孩子的床脚，

可以称之为"压岁钱"。长辈把它赠给小孩子，也称之为"压岁钱"。

到了明清时期，压岁钱大多数是用红绳串着铜钱赐给孩子的。民国以后，压岁钱则演变为用红纸包一百文铜圆，其寓意为"长命百岁"，而长辈给已经成年的晚辈的压岁钱，则是用红纸包一枚大洋（大银圆），象征着"财源茂盛""一本万利"。

FQ笔记

向爸爸、妈妈讲述有关压岁钱由来的故事，也请他们和你分享他们小时候收压岁钱的故事。

_____

_____

_____

_____

十一、压岁钱属于谁？（上）

关于压岁钱归属的"战争"（上篇）

大年初一的晚上，家家户户都是一派喜气洋洋、快快乐乐的气氛。唯独美妞家少了这份喜气，反而多了一些火药味。只见美妞和妈妈严肃地坐在饭桌前，双方摆出了一副要谈判的阵势。她们之间

究竟发生了什么事呢？

这话还得从早晨说起。

一大早，美妞就换上了新衣服，和爸爸、妈妈一起开心地到爷爷、奶奶家去拜年。按照妈妈出门前所教导的，一进门，美妞就冲着爷爷、奶奶拱

手、鞠躬："爷爷、奶奶新年好！"看到美妞这么懂事，爷爷、奶奶别提多高兴了。每人塞给美妞一个大红包。美妞悄悄打开看了看，每个红包里面都有500元。

不一会儿，大伯和叔叔也来了。美妞一个箭步冲上前，乐呵呵地对大伯说："大伯，新年快乐！恭喜发财！"接着美妞又对叔叔说："叔叔，新年快乐！大吉大利！"大伯和叔叔非常开心，分别递给美妞一个大红包。

就这样，美妞又有两个大红包到手了，每个红包里面装有200元。

美妞心里美滋滋的，心想：过年真好啊！这么多压岁钱，正好可以买一个新版的芭比娃娃，还可以给芭比娃娃买一套礼服套装，再加上一套玩具屋……

可是下午一回到家，美妞妈妈就要美妞把压岁钱全部交还给她，理由是："你的压岁钱是爸爸妈妈通过给亲戚家的小孩压岁钱交换而来的，这些压岁钱等于是我们给你的。"

于是，压岁钱就这样被"没收"了。

美妞极不情愿地把红包交给妈妈，自己郁闷地回到房间。美妞妈妈好像也注意到了这一点。

　　"孩子他爸，我这样做是否伤到孩子了呢？"美妞妈妈坐下来，问正在看报的美妞爸爸。

　　美妞爸爸放下手中的报纸，想了想说："关于压岁钱归谁管的问题，我之前和富爸爸探讨过。他

建议，较大数目的压岁钱应当由家长掌管为好，这也是有法律依据的。"

"那这么说，我收回她的压岁钱是没错的，那我就不用内疚了。"美妞妈妈松了一口气。

"但是，你刚才的那个理由不怎么好。我觉得我们还是应该向孩子解释清楚，我们只是帮她保管压岁钱，而不是没收，最终的支配权还是归她。"美妞爸爸笑了笑，语重心长地说道。

听美妞爸爸这么一说，美妞妈妈可不同意了，反驳道："就算支配权是她的，但是美妞这么小，何况这笔钱数目较大，她怎么可能管理好呢。我们还是把这笔钱拿来给她买保险吧。"

"虽然你动用这笔压岁钱是为了美妞好，但我还是认为，美妞已经长大了，我们应当尊重她的意愿。我们可以和她共同制订理财计划，一起管理这笔压岁钱，借此机会更好地培养孩子的财商，你觉得怎么样？"爸爸给妈妈提了一个切实可行的方法。

妈妈想了想，点点头："你说得有道理，我来和美妞谈谈吧。"

正在这时，美妞从房间里走了出来……

其实，美妞郁闷地回到房间以后，她坐在书桌前，左思右想，怎么也想不明白：自己怎么会一下子从"大富翁"变成了"穷光蛋"了呢？

美妞决定要跟妈妈谈判，收回属于自己的压岁钱。要知道，谈判是需要有策略的。于是，美妞认真地进行了一番思考。半小时过去了，美妞胸有成竹地走出了房间。

小朋友，如果你是美妞的话，你该怎样对妈妈陈述收回压岁钱的理由呢？

我认为：

亲爱的小朋友，若要为自己争取权益，谈判是一种很理性的选择。但是在谈判之前要做好充分的准备，例如调整好自己的心态，表明自己的观点，想到对方会提出的观点以及自己如何应对，等等。

FQ动动脑

连一连

小朋友，你的压岁钱是怎样流动的呢？请用箭头将下面的图形连接起来。

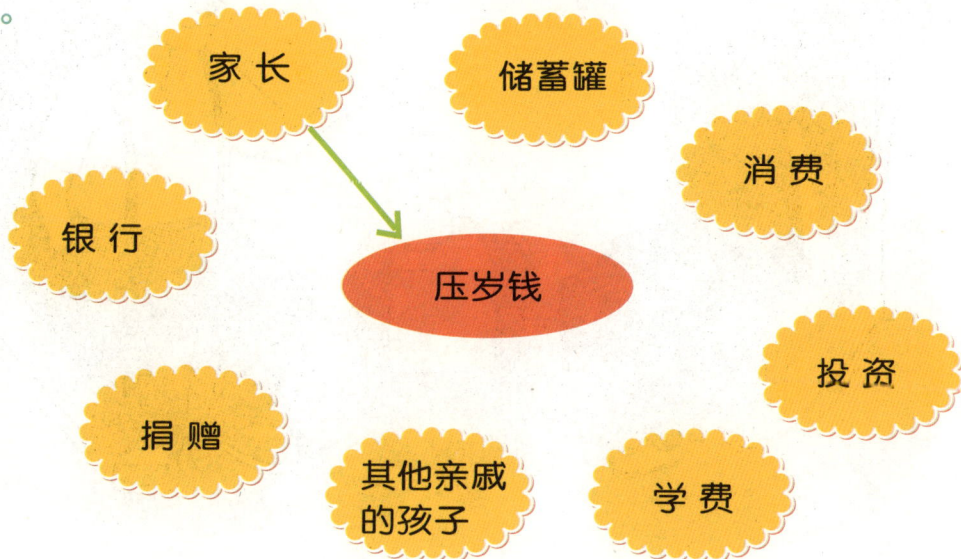

家长

储蓄罐

消费

银行

压岁钱

投资

捐赠

其他亲戚的孩子

学费

压岁钱应当属于谁

"时间过得真快啊！马上就要过年了！"坐在沙发上的美妞爸爸喝了口茶，感叹道，"孩子们都很喜欢过年，因为他们又可以有压岁钱拿了。"

"不错，压岁钱对孩子来说可是一笔不菲的收

入啊。"坐在对面的富爸爸笑了笑。

"但是，绝大多数的家长都会把孩子的压岁钱收回，有的家长还把这些压岁钱挪作他用。"美妞爸爸有些疑惑地问道："那您觉得压岁钱应该属于谁呢？"

富爸爸扶了扶鼻梁上的眼镜，严肃地说道："其实关于压岁钱所有权的问题，法律上有明确规定，未成年人有接受赠予的权利，并对其依法享有财产所有权。压岁钱既然是孩子接受赠予所得到的财产，无论赠予者是朋友、亲属或是父母，压岁钱的所有者都应该是孩子，所以，父母是没有权利对孩子的压岁钱进行分割的。"

"原来是这样啊，看来家长们真的要注意未成年人的财产所有权问题了。"美妞爸爸恍然大悟，又陷入了沉思中。

回家后，问问爸爸、妈妈这样一个问题：压岁钱应该归谁所有和支配呢？为什么？请你把想好的答案写在下面。

_____

_____

_____

_____

_____

_____

_____

_____

_____

_____

十二、压岁钱属于谁？（下）

关于压岁钱归属的"战争"（下篇）

坐在饭桌旁跟妈妈谈判还是第一次，美妞看着妈妈质疑的眼神，心里还是挺紧张的，但她还是强作镇定，表情自然。

"妈妈，压岁钱应该是归我所有的，您不应该收回。"美妞首先发表自己的观点。而对于妈妈之前"没收"压岁钱的理由，她也想好了对策："针对您的'没收'理由，我觉得您是长辈，就算没有我，您也还是要给其他亲戚家小孩压岁钱的，而且家里还会一分压岁钱也收不到，所以，能以'交换'的形式拿到压岁钱您还要感谢我呢。"

"你怎么这么不懂得感恩呢？你想一想，爸爸、妈妈为了你的成长付出了多少代价，我们拿你的压岁钱不还是花在你身上了吗？看看你穿的衣服、上学用的学习用品、你参加课外辅导班的费用，哪一样不是用钱买来的？"妈妈完全不认同美

妞的观点，给予严厉地反驳。

听了妈妈的一番话，美妞虽然觉得很有道理，但是美妞也有自己的理由。她不急不忙地回答："爸爸、妈妈确实为我的成长付出了很多辛苦，我很是感激。但是爸爸、妈妈不是一直想提高我的财商，让我学习如何管理财富吗？实践是最好的老师。如果压岁钱一直由你们代为保管的话，我就没机会学习如何管理压岁钱，不是吗？"

整个谈判进行得非常激烈，美妞以各种理由表达了要收回自己压岁钱的意愿。妈妈看到美妞所表现出的如此坚决的态度，心想：也应该让美妞学会自己使用和支配零花钱了，相信她应该也能很好地管理自己的压岁钱的。

"既然你表达了想要参与管理压岁钱的强烈愿望，妈妈就把压岁钱交给你来保管，但是至于如何使用，我们一起来商订计划，共同管理和使用它，好吗？"妈妈微笑着，把装有压岁钱的红包交回美妞的手中。

美妞立马冲上前，开心地搂住了妈妈的脖子，狠狠地在妈妈的脸上亲了一下。

为什么美妞妈妈最终还是同意了美妞的请求，把压岁钱还给她了呢？

富爸爸告诉你

在一般的家庭里，家长会选择把压岁钱收回，其目的还是代孩子管理这笔钱。大多数家长认为：孩子年纪尚小，暂时还没有管理数额较大金钱的能力。

我国《民法通则》第十八条明确规定："监护人应当履行监护职责，保护被监护人的人身、财产及其他合法权益，除为被监护人的利益外，不得处理被监护人的财产。" 因此，父母有权利帮孩子保管压岁钱，但保管不等于"没收"，压岁钱的支配权和使用权还是归孩子所有，这一点家长要向孩子进行说明。

亲爱的小朋友，想一想美妞爸爸为什么要劝说美妞妈妈去和美妞一起制订理财计划，共同管理压岁钱呢？

我们一起做一张感恩贺卡吧！把卡片放在红色的信封里送给爸爸、妈妈当作我们送给他们的"红包"。

做一做

爸爸、妈妈在过年的时候用压岁钱代表对我们的祝福，我们也应该回报我们的爸爸、妈妈。

制作方法

1. 找一张与普通贺卡大小相当的硬纸板；

2. 画一幅画或把家长和自己的照片贴在硬纸板的一面；

3. 在另一面写上对爸爸、妈妈最想说的感谢的话和祝福；

4. 放在红色信封中或直接送给家长。

十三、管理好压岁钱

管理好我的压岁钱

今年过年，阿宝同学收到了2000元的压岁钱。爸爸、妈妈非常信任阿宝，相信他可以运用"财商"很好地管理这笔费用。于是，他们把这笔压岁钱的使用权交给了阿宝。这让阿宝感到既兴奋又为难，兴奋的是自己得到了一大笔财富，为难的是这么一大笔钱该怎么管理呢？

聪明的阿宝为此特地去请教了富爸爸。两个人经过了一番探讨之后，阿宝做了这样一个规划。

总计2000元

储蓄1000元　　投资600元　　消费200元　　慈善200元

阿宝将压岁钱的50％用于教育储蓄，他已经开始为自己上大学做学费方面的准备了。30％的部分将用于投资，阿宝和爸爸一起到银行开了一个"基金定投"账户，也就是"定期、定额的投资基金"，类似于银行的零存整取，风险性比股票要小，适合进行长期投资。

剩下的20％，阿宝继续做了如下分配：其中的10％也就是200元，他准备留作自己消费；另外的10％他打算用于慈善事业。因为阿宝偶然在网上看到一组照片，照片上的那些孩子们在寒冷的严冬里竟然穿着破旧的单鞋去上学，这令生活在城市的阿宝十分震惊。他没想到这些和自己同龄的小朋友生活是如此的贫苦。于是，他毫不犹豫地奉献出自己的一份爱心，希望自己的捐助可以让那些小朋友买一双保暖的鞋子。

　　对于阿宝这样的分配，爸爸、妈妈表示非常满意，阿宝开心极了。

小朋友，想想你该如何分配自己的压岁钱呢？为自己的压岁钱做一个规划图吧。

我的压岁钱规划图

储蓄：_____元

_____：_____元

_____：_____元

_____：_____元

总计：_____元

富爸爸告诉你

　　有的同学想扩大消费方面的比例，比如多买几本课外书；有的同学想把更多的钱捐赠给灾区的小朋友。因此，压岁钱的分配并不一定按照50%储蓄、30%投资、10%消费、10%慈善这样的比例进行分配。拥有财商智慧的你一定还有其他的分配方法和支配手段。

1.统计一下自己收到多少压岁钱，并计算出总数。

2.按照你的需要把压岁钱进行合理的分配。

FQ动动脑

做一做

亲爱的小朋友，你也来动手制作一张支出计划表吧。看看你的计划表是不是比阿宝同学的更合理呢？

		支出计划表			
序 号	支出项目	支出时间	数量	单价	支出必要性
1					
2					
3					
4					
5					
6					

制订支出计划

大家一定很想知道阿宝那用于消费的200元是怎么安排的吧？

下面就让阿宝同学来告诉你们吧。

阿宝：其实，我想买的东西实在太多了，所以，我必须分清哪些是重要的和哪些是次要的。我先把自己想买的东西列出来，然后进行比较，最后再做决定。下面是我制作的一个支出计划表：

支出计划表

序 号	支出项目	支出时间	数量	单价	支出必要性
1	买书（《小狗钱钱》）	本月	1本	20.00	高
2	变形金刚玩具	一月后	1个	85.00	低
3	丝巾（送给妈妈的礼物）	本月	1条	60.00	高
4	绘画比赛报名费	本月	1次	100.00	高

阿宝：细心的朋友肯定发现我的支出计划已经超过200元了。因此，我必须在以下要购买的物品中删掉一些。我一直都想买《小狗钱钱》这本书，

所以，这项支出的必要性要高一些；妈妈下个月要过生日了，礼物要提前买好，所以，这项支出的必要性也很高；绘画比赛马上要报名了，这项支出的必要性也很高啊；唯独变形金刚，它不仅价格高，而且我已经有很多其他类似的玩具了，相比之下，买变形金刚的这项支出的必要性就相对低一些。因此，"变形金刚"可以暂时不做支出，等我以后攒够零花钱了再买。

FQ笔记

将你的压岁钱规划告诉爸爸、妈妈，和他们共同制订一个合理的计划方案并开始执行。

_____

_____

_____

_____

十四、慈善与公益

金爱心学生

2009年上海市第八届"金爱心学生"获奖者中，有一位叫于潇雄的五年级小同学，他将从小收到的压岁钱都存到银行，几年下来共积攒了10多万元。于是，他用其中的10万元成立了一笔慈善基金。

2008年5月，他用2万元压岁钱购书2000册，在云南双江镇民族中心小学建立了"潇雄图书馆"。这个图书馆成为上海首个少先队员个人捐献的图书馆。

"5·12"汶川特大地震后，他捐出自己的2000元零用钱用于救助灾区的小朋友。

除此之外，于潇雄同学每年都会拿出1000元或2000元分别捐赠给4位家庭贫困的大学生和中学生，资助他们求学。过年的时候，他为敬老院的老人们购买了3000元礼品；同时，他还为慈善基金会捐赠了1000元。

　　于潇雄同学铭记"莫轻小善而不为，莫贪积财而不舍"的道理。在校内，他是一名品学兼优的好学生；在校外，他默默地做了不少人人都可以做、却不是人人都去做的事，深得同学的喜爱。

于潇雄同学所作出的慈善行为会对这个社会产生什么样的影响？

富爸爸告诉你

　　于潇雄同学的可贵之处在于他主动地去关爱这个社会，持之以恒地把慈善事业融入了生活之中，得到慈善捐赠的人，将会把善款用于消费，这又将刺激经济的发展，帮助社会创造出更多的财富。

比一比

请比较一下慈善与公益的不同点和相同点。

项　目	不同点	相同点
慈善事业		
公益事业		

FQ超链接

区别慈善与公益

近年来，慈善晚会、慈善拍卖会、献爱心公益活动等这些慈善、公益活动不断涌现。全社会都在关注公益与慈善，那究竟什么是公益，什么是慈善呢？

事实上，公益不等于慈善。公益源于慈善，慈善产生公益，而慈善事业仅仅只是公益事业的一部分。

慈善事业是个人或社会团体救助那些贫困、受灾或者是生活困难的人的活动。它不仅仅表现在奉献金钱上，还需要付出真诚的关怀并付诸实际行动，例如主动关怀孤寡老人和失学儿童，主动帮扶一些身有残疾的人，等等。

公益事业则是指关注社会公众的福祉和利益的活动。这不仅需要我们善待身边的人群，更要关注对公共设施的保护、环境的保护以及对动物的保护，等等。例如节约粮食、水电，捡起脚下的纸片、关爱小动物等。总之，一切对人、动物、环境以及整个社会有益的事情都是公益事业。

慈善是

个人的行为，公益却是一种社会现象。慈善考虑得更多的是个人的情感释放，公益考虑得更多的是理念的传播与群体效应。公益更多的是体现分享，分享公益理念，分享做事经验，分享行善的机会，分享做事的快乐，分享大家的所得……

其实，不论是慈善事业还是公益事业，它们都为社会作出了巨大的贡献。更重要的是，它们都是使金钱流动起来，并发挥其自身作用的一种积极的表现形式。

FQ笔记

请大家用箭头把慈善捐助活动的流程串联起来。

失学儿童

银行

慈善捐助

消费者

投资

商店、市场

学校

十五、理性慈善

国际红十字会

"爸爸，爸爸，您看这是什么啊？"刚放学回家的皮喽一边冲进爸爸房间一边把手中的传单递到坐在电脑屏幕前的爸爸眼前。

"什么？"正在电脑前办公的爸爸推了推眼镜，仔细看了看皮喽手中的传单，"哦，这不是国际红十字会的献血活动倡议书嘛！"

"爸爸，国际红十字会是什么啊？"皮喽好奇地问。

爸爸把皮喽抱起来放在自己腿上，娓娓道来："其实它的全称是红十字国际委员会。它是一个独

立、中立的公益组织，其使命是为遭受战争和武装暴力的受害者提供人道保护和援助。"

皮喽睁大了眼睛，问："爸爸，那它是怎么来的呢？"

"红十字国际委员会的创始人名叫亨利·杜南。他其实是一名瑞士商人，在去意大利会见法国国王拿破仑三世的路上，他目睹了一场残酷的战斗，一天之内约有4万名参战的战士战死或受伤，而受伤的战士却几乎没有得到任何急救措施或护理。于是，亨利·杜南彻底放弃了原先的旅行，完全投入到伤员的救治工作中。另外，他还动员当地百姓不带歧视地向这些战士提供援助。此次救援活动最终取得了前所未有的救济援助规模。此后，亨利·杜南积极主张组建一个在战时帮助照顾受伤战士的国家志愿救济组织，这个主张受到众多国家的关注与支持。而红十字国际委员会终于在1863年在日内瓦创立。"爸爸为皮喽讲了一个长长的故事。

　　"爸爸，一个商人竟然可以创立这么大的公益组织，也真的好伟大啊！"皮喽惊呼道，"那我也要努力做公益事业，像亨利·杜南那样，创立一个伟大的公益组织，帮助更多的人。"

　　爸爸笑着说："皮喽能有这么远大的梦想，爸爸感到十分高兴，但是你要知道，组建一个具有影响力的公益组织是一件很不容易的事情，这需要我们付出很大的努力。那爸爸和皮喽一起努力，创立一个像世界自然保护联盟、野生动物保护组织或者像国内的中华慈善总会、宋庆龄基金会这样的慈善公益组织，为社会和世界贡献一份力量。"

爸爸伸出了右掌，皮喽也伸出了自己的右掌来，两个人击掌为盟。

1. 亨利·杜南是怎样创立红十字国际委员会的呢？

2. 你还知道哪些慈善公益组织呢？请列举出来。

　　慈善不是一种私下的交易，所以，不管是谁，只要声称自己是在做慈善，那就需要接受公众的监督。

　　我国慈善事业的现状是一些企业乐于主动向公益组织捐款，一掷千金的行为确实效率很高，但却很容易造成资金的浪费。捐助者无法核实哪些人最应该受到捐助，受助者也不一定得到应有的救助。

　　许多行善者都会面对"慈善是否做得专业"这一问题。因此，慈善机构在制定一套严密的捐赠制度的同时，还需要制定一套科学合理的管理、分配、实施制度。

FQ动动脑

想一想

1. 小朋友，你是否赞同两个故事中列举的慈善或公益方式呢？为什么？

_____

_____

2. 你是否有更科学的慈善或公益的方式呢？请列举出来。

_____

_____

理性做慈善

现在有很多致力于做公益慈善事业的个人和机构，愿意通过捐赠钱财物资给有需求的人这种方式献出自己的一份爱心。但是这样做对那些被帮助者有益吗？

我们先来看看下面这两个小故事吧。

故事一

话说，有一个人每天上班的时候都会给家门口的乞丐一元钱。但是有一天，这个人忘了带钱包，也就没有给乞丐钱。结果，乞丐就非常生气，认为这个人失去爱心了。

听完这个故事，大家肯定会有所反思：为什么这个人仅因为一次失误导致乞丐没有收到钱就被认为失去爱心了？难道这个人有义务每天必须给乞丐一元钱吗？

大部分人都会认为：乞丐太不懂得感恩了。但事实上，正是施舍的人让乞丐丧失了感恩之心。因为施舍的人只知道一味地给予帮助而不求回报，才造成了被帮助者这种不劳而获的心理，久而久之，乞丐便会完全丧失"有付出才有收获"的意识和独立生存的能力。

现在，有很多慈善人士也意识到了这个问题，于是更为理性的慈善公益方式不断出现。例如某公益组织会联系做公益的人将钱款借给有需要的人，但是借款人要承诺在一定期限内偿还本金，并且还要偿还一定的利息，当然这个利息远远比银行的贷款利息要低很多。

故事二

台塑大王王永庆的儿子曾捐助援建大陆的一所学校。在捐助工作完成后，他觉得自己还能为这个学校提供进一步帮助，于是很谨慎地把助理叫到一边，要他去问一下校长，看是否还有其他困难。交代这些事情时，他一再提醒助理，要注意说话的语气、措辞和方式，千万不要给人留下施予的印象。

这件事情让中国青少年发展基金会的创始人——徐永光印象深刻。"我们现在捐钱，巴不得人们都围上来，对你千恩万谢，但是人家却在极力避免这种情况出现。"

徐永光一直以来都特别反感新闻报道或者晚会中受助者被要求唱《感恩的心》这首歌曲。他说："我去一些学校，也经常遇到孩子们列队迎接的情况，这让我很难受。"

故事中涉及的是慈善工作中的"伦理问题"。很显然，现在这一问题还很少为人们所注意。

"这是一种慈善家的暴力，是对弱势群体的一种长久的伤害，不能这么做。我们确实要反思，不管是管理层面还是执行层面，公益慈善界都要反思。"徐永光说。

良性的公益方式不仅仅使奉献爱心的人得到一定意义上的回报，更重要的是它使被帮助的人感到有尊严，并且激励他们更加努力地生活来回报帮助他们的人。

FQ笔记

观察记录你了解到的慈善或公益方式，将你认为最理性的方式告诉爸爸、妈妈，并和他们一起讨论这种慈善或公益方式的优点。

十六、我来做慈善（上）

慈善义卖会

青海省一些学校的教学条件十分艰苦，同学们的课外书籍更是少之又少。对于这个问题，北京市呼家楼中心小学的同学们想到了一个好办法——义卖。

同学们将自己不用的文具、书籍、玩具拿到学校进行"义卖"，然后将义卖的款项全部捐赠给青海那些需要帮助的学校。

周一下午一点钟，同学们都迫不及待地带着自己的"商品"来到了学校操场。有的同学以班级为单位布置摊位，有的同学以小组为单位来摆摊设点，还有不少同学支起了属于自己的独立摊位。学校操场顿时成了一个热闹的市集。同学们使出了各种奇招来销售自己的"商品"。晓涛同学的"沙包"摊位上摆满了全部由他自己缝制的沙包，他还大声吆喝着："本店开业大酬宾，纯手工沙包买二赠一。"这引来了许多同学和老师前来挑选。天琪同学则拿着自己的"商品"进行流动兜售，见到有意向购买的同学或家长，她就主动介绍商品的功能和用途，很是热心。

不到一个小时，"摊主们"的"商品"就被抢购一空了。然后，同学们以班级为单位，将义卖所得的款项投到了捐款箱。经清点，义卖的捐款达到了13000多元。随后，学校派专人将捐款及时送到了青海省的相关学校，给在那里就读的同学们提供了极大的帮助。

呼家楼中心小学的同学们做慈善的方式是什么？这样做的好处有哪些？

同学们都想通过做慈善来帮助哪些需要帮助的人，你们知道做慈善的资金都是从何而来的吗？

有的同学用自己的零花钱，有的同学拿出压岁钱的一部分，有的同学则是直接向爸爸妈妈索要的。而呼家楼中心小学的同学们却运用自己的财商想到通过"义卖"来筹集善款。这样不仅帮助了需要帮助的人，而且也让那些不经常使用的物品发挥了它们最大的价值。

FQ动动脑

写一写

小朋友，开动你的财商智慧，想想还有哪些筹集善款的方式呢？请写在下面的空白处。

_____

_____

美国人的慈善

美国人很懂得运用手中的资源，并使其发挥最大的功用，甚至在做慈善方面也是如此。

例如美国人常常会将自己不需要或用不着的东西拿出来拍卖或者是捐赠给慈善机构。同样，小孩子也会把自己不玩的玩具摆在自家门前出售，并将所得的收入捐赠给慈善机构。

其实，美国的许多学校都会开设理财课程，鼓励学生研究经济现象、学习投资理财知识等，其中还包含捐赠、免税等课程。这样的课程为美国孩子管理财富和回馈社会提供了极大的帮助。

FQ笔记

在班里倡议发起一次"爱心义卖会"活动，学会把慈善的美好愿望兑现成具体的行动，并将义卖会筹到的善款捐赠给一家慈善机构，为需要帮助的小朋友打开一扇看到七彩阳光的窗户，让他们感受到社会大家庭的温暖。

十七、我来做慈善（下）

我们是小小慈善家

阿泽与阿韵是一对非常有爱心的孪生兄妹，同时他们对财商教育也有着浓厚的兴趣。上三年级的时候，他们就系统地学习了财商知识，并且开始有意识地训练和提高自己的财商。

那年寒假，他们在爸爸的帮助下把压岁钱（每人6000元）全部用来投资。由于阿泽对股票比较感兴趣，于是，他购买了200股江西铜业（21元/股），还购买了400股建投能源（4.2元/股）的股票。阿韵则感觉投资股票风险比较大，投资黄金或债券更稳健一些。于是，她选择了购买千足金黄金。

六一儿童节快到了，学校号召同学们为山区的失学儿童捐款助学，以表达他们对山区小朋友的关爱。阿泽和阿韵商量，将他们目前的投资收益捐献出来。

阿泽让爸爸将自己的股票全部售出。此时，江西铜业的股价为25元/股，建投能源的股价达到了4.7元/股。因此，阿泽的投资共计得到了1000元的收益。

而阿韵的黄金投资也很成功。爸爸按355元/克的市场价格售出了黄金。阿韵的黄金投资收益为540元。

　　在六一儿童节那天，兄妹俩高高兴兴地将1540元的捐款交给了老师，并自豪地对老师说："这些钱是我们自己靠投资赚来的！"

1. 阿泽和阿韵投资成功的原因有哪些？

2. 在阿泽和阿韵的整个捐助过程中，他们的哪些方式值得我们借鉴？

富爸爸告诉你

　　阿泽和阿韵兄妹分别将自己的压岁钱投资了股票和黄金，主动地学习金融投资方面的知识并付诸实践，最终获得了一定的收益。

　　最可贵的是，他们将自己运用投资知识获得的第一笔收益捐献给了需要帮助的同龄人。相信这种捐助方式带来的自豪感比直接把压岁钱捐出去带来的满足感更有意义。

FQ动动脑

算一算

　　1月份，皮喽买了某只股票200股，股价为2.3元/股。到了6月份，股票的价格上涨到3.5元/股。

亲爱的小朋友，你知道我赚了多少钱吗？

我知道，我知道，皮喽赚了＿＿＿＿＿＿元。

股票是什么

金融市场有许多投资方式，例如储蓄、保险、股票、基金、房地产等，而股票则是其中最为常见的一种投资方式。

到底什么是股票呢？股票是股份证书的简称。

简单来说，就是一家公司将自己的资产划分为好多部分，每一部分为一股。股份公司需要投入大量资金进行生产，于是，它可以向很多人借用他们的资金，投入生产，然后将扩大生产所产生的收益对这些人的资金予以偿还并把一部分的公司盈利以分红的形式返还给这些人。而股票就是公司借钱的凭证，持有这些股票并在未来得到分红的这些人就被称作股东。

股票是股份公司资本的构成

部分，它可以转让、买卖或作价抵押，是资金市场主要的长期信用工具。

当然，股票价格的高低会取决于这家公司的资金实力、发展潜力、产品、服务等。所以，我们在选择股票时，应当综合考虑这家公司的实力和发展潜力。如果公司内部出现问题、经营不善的话会导致其股票价格降低，并给股东带来巨大损失。

FQ笔记

将你学到的股票知识告诉爸爸、妈妈，并给他们出一道计算股票收益的计算题，看看他们是否像你一样聪明呢？

_____

_____

_____

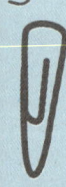